새로운 천연조미료

소금 레몬의 힘

새로운 천연조미료

소금 레몬의 힘

초판 인쇄일 2015년 6월 23일
초판 발행일 2015년 6월 30일
지은이 사카구치 모토코
발행인 박정모
등록번호 제9-295호
발행처 도서출판 혜지원
주소 (413-120) 경기도 파주시 회동길 445-4(문발동 638) 302호
전화 031)955-9221~5 팩스 031)955-9220
홈페이지 www.hyejiwon.co.kr

기획 · 번역 송유선
디자인 김보라
영업마케팅 김남권, 황대일, 서지영
ISBN 978-89-8379-860-2
정가 10,000원

• 이 도서의 국립중앙도서관 출판예정도서목록(CIP)은 서지정보유통지원시스템 홈페이지(http://seoji.nl.go.kr)와
  국가자료공동목록시스템(http://www.nl.go.kr/kolisnet)에서 이용하실 수 있습니다.(CIP제어번호: CIP2015015550)

새로운 천연조미료

소금 레몬의 힘

혜지연

지금 화제가 되고 있는
만능 조미료 '소금 레몬'은 이렇게나 대단하다!

지금까지 레몬이라고 하면

누구나 요리에 곁들이거나 과즙을 짜서 사용하는 정도였을 것입니다.

하지만 사실 옛날부터 중동이나 프랑스 등에서는

소금에 절인 레몬을 껍질째 사용해 왔습니다.

요리에 산뜻한 맛과 향기를 더해주는 레몬 소금 절임.

그 발상에서 태어난 것이 '소금 레몬'입니다.

만들어 보니 참 간단하고, 사용해 보니 놀라울 정도로 다양한 요리에 어울립니다.

서양 요리나 에스닉 요리는 물론, 일본 요리와도 잘 맞습니다.

그리고 최근 레몬에는 우리들의 아름다움과 건강을 지켜주는

다양한 활동이 있다는 것도 밝혀졌으니, 이용하지 않을 수 없겠죠.

서서히 인기 상승 중인 소금 레몬.

이 소금 레몬을 맛있고 즐겁게 사용할 수 있는 레시피를 모았습니다.

- 1작은술은 5ml, 1큰술은 15ml, 1컵은 200ml입니다.
- 전자레인지는 500W의 제품을 사용했습니다. 600W의 경우는 가열 시간을 0.8배로 잡아주세요. 또 토스터는 1300W의 제품을 사용했습니다. 기종이나 사용 햇수에 따라 다소 차가 생길 수 있으므로 상태를 보며 가감하시면 됩니다.
- 소금 레몬은 기본적으로 둥근썰기와 빗모양썰기 중 어느 것을 사용해도 상관없습니다. 이 책의 재료표에서는 보다 사용하기 편리한 쪽을 기재해 두었습니다.

CONTENTS

소금 레몬 최강 레시피

소금 레몬 + 고기

소금 레몬 + 생선

'소금 레몬'을 만들어 보자!

새로운 조미료로서 주목을 받고 있는 소금 레몬은 레몬과 소금이 있으면 만들 수 있다는 간편함도 매력 중 하나입니다. 레몬을 잘라 소금을 골고루 묻히기만 하면, 그 다음은 시간이 맛있게 만들어 주길 기다리기만 하면 됩니다. 언제나 먹던 음식을 비교가 안 될 정도로 맛있게 만들어 줄 소금 레몬, 지금 바로 만들어 봅시다.

준비할 것

레몬(왁스칠을 하지 않은 것) ··· 3개(약 300g)

굵은 소금 ··· 레몬 중량의 30%(약 80g)

○ **레몬에 대하여**

껍질째로도 먹기 때문에 왁스칠을 하지 않은 레몬을 사용합니다. 이 책에서는 1개 약 100g의 레몬을 사용했습니다.

○ **굵은 소금에 대하여**

소금은 정제염이 아닌 습기가 있고 부드러운 짠맛을 가진 굵은 소금, 천일염을 추천합니다. 성분을 체크해서 미네랄이 소량 포함된 것으로 선택하세요.

1

레몬은 씻어서 키친타월이나 행주로 물기를 잘 닦는다.

2

레몬의 양쪽 끝을 잘라 낸다.

3

한 개는 8등분하여 둥글게 썬다.

4

나머지 두 개는 각각 세로로 4등분하여 빗모양썰기를 한 후 길이를 반으로 자른다.

Point 요리에 따라서 구분하여 사용할 수 있도록 두 종류의 모양으로 자릅니다.

5

3, 4의 레몬을 볼에 넣고 굵은 소금을 넣어 문질러 섞는다.

Point 레몬 과즙과 소금이 빨리 어우러지도록 확실히 문질러 섞는 것이 포인트!

6

깨끗한 보존용기에 옮겨 냉장고에서 일주일 정도 절인다.

7

가끔씩 꺼내서 위아래를 뒤집고 과즙이 전체에 구석구석 퍼지도록 섞는다.

8

완성!

일주일 정도 지나 껍질이 흐무러지고, 약간 걸쭉한 액체가 생기면 완성. 시간이 더욱 지나면 신맛과 껍질의 쓴맛이 보다 부드러워진다.

○ **보존용기에 대하여**

소금 레몬을 만들 용기는 반드시 자비 소독을 해서 확실히 건조시킨 다음 청결한 상태로 사용합시다. 이 책에서는 산에 강하고 냄새가 배지 않는 법랑 용기를 사용했지만 유리병이나 지퍼백도 괜찮습니다. 냉장고에 넣고 3개월 안에 다 먹도록 합니다.

요리에 따라 구분해서 사용하세요

소금 레몬은 소금에 의해 생긴 레몬 과즙+소금이 숙성하여 만들어진 '소금 레몬액'과,
향과 맛이 응축된 '과실'로 나눌 수 있습니다.
요리에 따라 구분해서 사용하여 소금 레몬의 맛을 마음껏 즐겨 봅시다.

소금 레몬액

재료에 골고루 잘 퍼지고 다른 조미료와도 잘 어우러지는 '소금 레몬액'. 고기나 생선의 밑간이나 양념, 드레싱 등을 만들 때 사용합니다.

소금 레몬(둥근썰기, 빗모양썰기)

조린 국물이나 조미액에 넣어 천천히 소금 레몬의 풍미를 더하고 싶을 때나 잘게 썰어 요리에 포인트를 주고 싶을 때는 과실을 사용합니다. 둥근썰기나 빗모양썰기 둘 다 사용할 수 있기 때문에 사용하기 편리한 것이나 요리와 어울리는 모양을 생각해서 고르면 됩니다.

▶ 2 MONTHS AFTER

숙성이 계속되면⋯
소금 레몬은 절이고 나서 일주일 정도 후부터 사용할 수 있지만 시간이 더욱 지나면 보다 숙성이 진행됩니다. 껍질이 매우 부드러워지고 향기나 짠맛이 더욱 부드러워집니다(사진은 2개월 정도 둔 것).

처음으로 도전하고 싶은
세 개의 레시피

● 소금 레몬이 완성되면 우선 시험 삼아 만들어 보기 좋은 세 가지의 레시피입니다.

소금이나 간장 대신 사용하는 것만으로 지금까지 없었던 새로운 맛을 즐길 수 있습니다.

은은하고 상큼한 레몬 향 주먹밥. 살균 효과도 있어 도시락으로도 딱!

소금 레몬 주먹밥

주먹밥을 만들 때 사용하는 소금 대신 소금 레몬액을 사용해 보세요.

작은 주먹밥 한 개에 1작은술이 기준입니다.

소금 레몬의 1/4 정도를 잘게 썰어 넣어 섞어도 맛있습니다.

레몬의 풍미가 한층 돋보입니다.

맥주의 단골 짝꿍!
버무리기만 하면
상큼한 향의 안주가 완성

소금 레몬에 버무린 삶은 풋콩

콩깍지를 벗기지 않은 풋콩 100g을 소금물에
삶고, 다 삶은 후 소금 레몬액 2작은술을 골고
루 묻힙니다. 액체이기 때문에 간이 골고루 퍼
지고, 산뜻한 향기로 여름의 저녁 반주에 어울
리는 안주입니다.

와인과도 어울린다!
평소와는 조금 다른 새로운 맛

소금 레몬 두부

차게 식힌 두부 1/2모에 소금 레몬의 1/4조각
을 잘게 썬 것과 소금 레몬액 1/2작은술을 얹기
만 하면 됩니다. 와인에도 어울리는 고급스러운
요리가 완성될 거예요. 거기에 올리브 오일을
약간 뿌리는 것도 추천합니다.

소금 레몬의 대단한 효능 15

상큼한 향과 부드러운 짠맛, 새콤한 맛으로 요리를 맛있게 해주는 소금 레몬. 소금 레몬은 맛뿐만 아니라 다채로운 조리 특성이나 아름다움과 건강을 지키는 힘을 가지고 있습니다.

더욱 맛있어지는 효과

01 고기를 부드럽게 한다

레몬의 산이 고기의 단백질을 분해하는 효소의 움직임을 활발하게 합니다. 더욱이 단백질이 산성으로 변하면서 보수성이 높아져 촉촉하게 완성시킬 수 있습니다.

02 생선의 잡냄새를 없애준다

생선 요리의 간이나 양념에 사용하면 레몬의 산뜻한 향이 생선의 비린내를 막아 주고 맛을 확 끌어내 줍니다.

03 요리가 산뜻해진다

느끼해지기 쉬운 메뉴도 소금 레몬의 적당한 산미로 담백해집니다. 푹 끓여 확실히 가열하면 산미는 어느 정도 없어지지만 뒷맛은 깔끔합니다.

04 모든 요리에 매치할 수 있다

레몬 하면 서양 요리를 떠올리기 쉽지만 귤이나 유자와 같이 사용하면 의외로 모든 음식에 잘 어울립니다. 중화요리나 에스닉 요리도 산뜻하게 완성됩니다.

05 향기와 맛을 배가시킨다

소금 레몬을 항상 사용하는 소금 대신 사용해 보세요. 향이 풍부해지고 적당한 산미로 재료의 맛이 배가됩니다.

06 야채의 변색을 막는다

레몬의 구연산은 야채나 과일의 산화에 의한 갈변을 막거나 색을 선명하게 하는 활동을 합니다.

07 살균&방부 작용도 기대

레몬의 구연산은 살균, 방부 작용에도 효과가 있습니다. 그러므로 도시락 반찬을 만들 때도 추천합니다.

08 간식을 만들 때도 사용할 수 있다

약간 짭조름한 과자를 만들 때도 소금 레몬은 대활약을 합니다. 단맛을 절제하여 어른도 즐길 수 있는 과자를 만들 수 있습니다.

09 레몬의 영양을 통째로 섭취할 수 있다

요리에 곁들이거나 과즙을 사용하는 경우가 많은 레몬이지만 실은 껍질에도 영양이 풍부합니다. 통째로 먹을 수 있는 소금 레몬이라면 그 영양을 전부 섭취할 수 있습니다.

10 피로회복이나 디톡스 효과도

레몬의 구연산은 유산 등의 피로물질을 분해하여 피로를 회복시켜 줍니다. 비타민 C가 몸의 해독기능을 담당하는 간의 움직임을 활발하게 하여 디톡스 효과도 기대할 수 있습니다.

11 대사증후군 예방에도 한 역할!

레몬의 에리오시트린이라는 성분이 혈액 중의 중성지방농도를 낮춘다고 하는 연구 결과도 있습니다. 계속적으로 섭취하는 것이 중요합니다.

12 당질의 대사를 활발하게 한다

구연산은 당질을 빠르게 에너지로 바꾸는 활동을 합니다. 혈당치의 급격한 상승도 억제합니다.

13 비타민 C도 풍부

레몬의 비타민 C 함유량은 감귤류 중에서도 톱클래스입니다. 껍질째 먹을 수 있는 소금레몬이라면 효율적으로 섭취할 수 있습니다.

14 산뜻한 향으로 릴랙스 효과

레몬의 산뜻한 향 성분, 리모넨과 시트랄에는 뇌의 피로를 없애주고 릴랙스시키는 효과가 있습니다.

15 레몬의 산미로 감염(減鹽) 효과까지!

소금 레몬에는 염분이 포함되어 있지만 레몬의 향이나 맛 덕분에 소량만 사용해도 요리가 맛있어집니다. 효과적으로 염분 섭취량을 줄일 수 있습니다.

레몬의 영양

레몬에는 비타민 C 외에 아름다움과 건강을 지켜주는 다양한 영양소가 함유되어 있습니다.
껍질째 먹을 수 있는 소금 레몬이라면 레몬의 영양을 효율적으로 섭취할 수 있습니다.

비타민 C

기미의 원인인 멜라닌의 합성을 억제하는 비타민 C. 피부에 탄력을 가져다주는 콜라겐의 생성에도 빠질 수 없습니다. 강한 항산화작용으로 노화예방이나 면역력을 높이는 데도 도움을 줍니다. 철의 흡수를 도와 빈혈도 예방할 수 있습니다. 수용성이기 때문에 조금씩이라도 부지런히 섭취해야 하는 영양소 중 하나입니다.

구연산

피로물질, 유산이 생기는 것을 억제하고, 피로회복에 효과적입니다. 킬레이트 작용이라 불리는 칼슘 등의 미네랄 흡수를 촉진하는 활동도 합니다. 혈액을 맑게 하고 냉증을 해소합니다. 타액, 위액의 분비를 촉진시켜 식욕을 증진하는 효과도 있습니다.

에리오시트린

레몬의 껍질에는 폴리페놀의 일종인 플라보노이드가 많이 함유되어 있습니다. 그중에서도 강한 항산화작용을 담당하며 노화 예방 활동을 하는 것이 에리오시트린입니다. 지방의 축적을 억제하며 생활습관병의 예방에 효과가 있다는 연구 결과도 있습니다.

리모넨

리모넨은 산뜻한 향기로 릴랙스 효과를 가지는 것과 동시에 교감신경을 자극하여 머리를 맑게 해주는 효과를 가지고 있는 성분입니다. 식욕 증진 효과도 있습니다. 혈액 순환을 좋게 하여 신진대사도 촉진하며, 면역력을 높이고 병에 지지 않는 체질을 만드는 데도 위력을 발휘합니다.

펙틴

펙틴은 수용성 식물섬유의 한 종류입니다. 변비를 예방하고 해소하여 장내 환경 및 피부 상태를 정비하는 것 외에 콜레스테롤의 흡수를 억제하거나 급격한 혈당치의 상승을 막아 생활습관병의 예방에 탁월합니다. 특히 레몬 껍질 부분에 많이 함유되어 있습니다.

헤스페리딘

헤스페리딘도 에리오시트린과 마찬가지로 껍질에 많이 함유된 플라보노이드의 동료로, 강한 항산화작용을 담당합니다. 모세혈관을 튼튼하게 하고 냉증의 개선에도 탁월합니다. 혈압을 낮추는 활동도 합니다. 알레르기 반응에 의한 염증을 억제하여 화분증 예방 효과도 기대할 수 있습니다.

소금 레몬
최강 레시피

요리를 맛있게 만들어 주고 거기다 몸을 건강하게 만들어 주기까지!

소금 레몬은 매일 식사에 가볍게 넣고 싶은 조미료입니다.

소금 레몬만 있으면 다른 조미료도 필요 없고,

요리의 순서는 더욱 심플해집니다.

밥에 어울리는 반찬부터 도시락, 간식까지.

소금 레몬을 잘 활용할 수 있는 다양한 아이디어를 소개합니다.

● 레몬의 크기에 따라 레몬 한 토막의 중량이 바뀌기 때문에 소금의 양도 바뀝니다. 비율에 맞게 조절하면서 사용해 주세요.

● 요리에 어울리는 모양이나 자를 때의 편리함에 맞춰 소금 레몬의 둥근썰기와 빗모양썰기를 나누어서 사용하고 있지만,
  취향에 따라 아무거나 사용해도 괜찮습니다.

소금 레몬

+

고기

고기 요리에 소금 레몬을 사용하면 뒷맛이 깔끔해집니다.

가슴살과 등심살은 촉촉하고 부드러워지고,

많은 사람들이 좋아하는 닭고기 튀김도

소금 레몬을 넣으면 새로운 맛으로 탄생합니다.

돼지고기 벌꿀
소금 레몬 구이

만드는 법

1. 돼지고기에 A를 묻히고 30분간 둔다.
2. 프라이팬에 식용유를 둘러 가열한 후 1의 돼지
   고기의 양면을 노릇노릇하게 굽는다. 잘게 썬
   소금 레몬을 넣고 간장을 두른다.

재료(2인분)

돼지고기 등심 돈가스용 고기 … 2장

A | 벌꿀 … 2큰술
소금 레몬액 … 2작은술

소금 레몬(빗모양썰기) … 1조각

간장 … 1큰술

식용유 … 1큰술

갓 튀긴 튀김을 한입 물면 레몬의 풍미가 느껴져요.
튀김옷의 고소함과 어우러져 나도 모르게 "한 개 더!"를 외치며 손을 뻗게 되는 맛입니다.

닭고기 소금 레몬 튀김

만드는 법

1. 닭다리살은 한입 크기로 큼직하게 썰어 A를 바르고 10분 정도 두고 나서 녹말을 묻힌다.
2. 오이는 밀대로 두드린 다음 한입 크기로 쪼개고 잘게 썬 소금 레몬을 버무린다.
3. 튀김용 기름을 중온(약 170℃)으로 가열하여 1을 모두 튀긴다. 접시에 담고 2를 곁들인다.

재료(2인분)

닭다리살 … 2개

A
소금 레몬액 … 1과 1/2큰술
청주 … 2작은술
후추 … 약간
다진 소금 레몬 … 1조각분

녹말, 튀김용 기름 … 각 적당량

오이 … 1개

다진 소금 레몬 … 약간

넘플라와 레몬은 궁합이 잘 맞습니다. 담백하고 산뜻한 맛이 입안에 퍼질 거예요.
퍽퍽한 닭가슴살도 소금 레몬과 만나면 촉촉하고 부드러워집니다.

닭고기 아시안 레몬 소테

재료(2인분)

닭가슴살 … 큰 것 1장(300g)

양파 … 1/2개

파프리카(노란색) … 1/2개

소금 레몬액 … 1큰술

A
마늘(얇게 썬 것) … 1/2쪽분
빨간 고추(송송 썬 것) … 1개분

B
넘플라 … 1큰술
설탕 … 2작은술
후추 … 약간
다진 소금 레몬 … 1/2조각분

식용유 … 1큰술

고수(혹은 파드득나물, 셀러리 잎 등) … 적당량

만드는 법

1. 닭고기는 한입 크기로 큼직하게 썰어 소금 레몬액을 묻힌다. 양파는 가로
   7~8mm 폭, 파프리카는 얇게 썬다.

2. 프라이팬에 식용유를 둘러 약불로 가열하고 A를 볶는다. 향이 나면 중불로
   바꾸고 양파, 닭고기, 파프리카를 순서대로 넣어 잘 볶은 다음 B로 간을 맞
   춘다. 접시에 담고 고수를 올린다.

고기와 야채의 맛이 우러나온 국물에 소금 레몬의 풍미가 배어들었습니다.
냄비 하나로 완성되는 간단한 반찬입니다.

소금 레몬 풍미의
돼지고기와 토마토 찜

재료(2인분)

돼지고기 목살(얇게 썬 것) … 300g

토마토 … 큰 것 2개

양파 … 2개

피망 … 2개

후추 … 약간

올리브 오일 … 1큰술

밀가루 … 3큰술

물 … 1과 1/2컵

A 소금 레몬(빗모양썰기) … 2조각

고형 육수 … 1개

월계수잎 … 1장

만드는 법

1. 돼지고기는 후추를 뿌린다. 토마토는 1cm 두께로 둥근썰기를 하고, 양파는 가로 7~8mm 폭으로 썬다. 피망은 잘게 썬다.

2. 두꺼운 냄비에 올리브 오일을 두르고 돼지고기의 1/3 양을 펼친다. 밀가루 1큰술을 뿌리고 양파, 피망, 토마토의 각 1/3 양을 순서대로 펼쳐 올린다. 같은 방법으로 돼지고기와 야채를 두 겹 더 쌓는다.

3. A를 넣어 중불에 올린 다음 뚜껑을 덮고 15~20분 찐다.

밑간에도, 소스에도 어울리는 소금 레몬.
치즈 돈가스도 담백해진답니다.

레몬 치즈 커틀릿

재료(2인분)

돼지고기 안심살 … 300g

모차렐라 치즈 … 1cm 두께 2장

소금 레몬액 … 2작은술

후추 … 약간

밀가루, 달걀물, 빵가루, 식용유 … 각 적당량

이탈리안 레몬 소스(124쪽 참조) … 적당량

만드는 법

1. 돼지고기는 반으로 자른다. 가운데에 칼집을 넣어 벌리고 랩으로 싸서 밀대로
두드린 다음 치즈가 들어갈 수 있을 만큼 넓힌다.

2. 1에 후추를 뿌리고 소금 레몬액을 묻힌다. 치즈를 한 장씩 올려 반으로 접고
가장자리를 가볍게 누른다. 밀가루, 달걀물, 빵가루순으로 튀김옷을 입힌다.

3. 프라이팬에 식용유를 많이 둘러 가열하고, 2를 튀기듯 굽는다. 접시에 담고
이탈리안 레몬 소스를 뿌린다.

담백하고 산뜻한 소스가 소고기의 맛을 끌어냅니다.
손님 대접용 테이블에도 딱 어울리는 한 접시입니다.

담백한 소고기 타타키

재료(2인분)

소고기 사태살(실온에 둔다) … 300g

후추 … 약간

양파 … 1/2개

A

물 … 1/2컵

멘츠유• … 1/4컵

식용유 … 2큰술

소금 레몬액 … 1큰술

식초 … 1큰술

소금 레몬(둥근썰기 혹은 빗모양썰기) … 2조각

마늘(빻은 것) … 1쪽

양상추, 당근(둘 다 채 친 것) … 각 적당량

만드는 법

1. 소고기는 후추를 뿌린다. 양파는 얇게 썬다.

2. 프라이팬에 식용유(재료 분량 외)를 약간 둘러 가열하고, 소고기의 표면을 노릇하게 굽는다.

3. 지퍼백에 A와 양파를 합치고 2를 넣어 냉장고에서 하룻밤 재운다. 소고기를 얇게 썰고 A 소스에 넣은 양파, 양상추, 당근과 함께 접시에 담는다. 소스를 적당량 뿌린다.

• 멘츠유 : 설탕을 베이스로 육수와 간장, 미림으로 만든 일본 간장의 일종

일본식 메뉴도 소금 레몬에 맡겨 두세요.
하얀 쌀밥에는 물론 술안주로도 좋아요.

닭고기와 파의 소금 레몬 볶음

재료(2인분)

닭가슴살 … 1장

파 … 1뿌리

소금 레몬액 … 1큰술

A
물 … 3큰술
치킨스톡 … 1작은술
소금 레몬(빗모양썰기) … 1/2조각

참기름 … 1/2큰술

시치미• … 약간

만드는 법

1. 닭고기는 한입 크기로 큼직하게 썰고 소금 레몬액을 묻힌다. 파는 5cm 길이로 어슷썰고, A의 소금 레몬은 얇게 은행잎썰기를 한다.
2. 프라이팬에 참기름을 가열시키고 닭고기를 볶는다. 색이 변하면 파를 넣어 한 번 더 볶고 A를 넣어 볶는다. 접시에 담고 시치미를 뿌린다.

• 시치미 : 고춧가루, 후춧가루, 검은깨, 산초, 겨자, 대마씨, 진피 등 7가지의 재료로 만든 일본의 조미료

소금 레몬과 미소의 궁합은 놀랄 정도.
부드럽게 구워진 닭고기에, 가족의 리퀘스트율도 급상승!

닭고기 소금 레몬 미소 구이

재료(2인분)

닭다리살 … 1개

A
소금 레몬액 … 1큰술
미소, 청주, 꿀 … 각 1큰술
식용유 … 약간
양배추 … 적당량
다진 소금 레몬 … 약간

만드는 법

1. 지퍼백에 A를 합치고 닭고기를 넣어 냉장고에서 하룻밤 재운다.

2. 양배추는 찢어서 잘게 썬 소금 레몬으로 버무린다.

3. 프라이팬에 식용유를 둘러 가열시키고 1의 소스를 가볍게 닦아 껍질 부분을 아래로 해서 넣고, 약한 중불에서 양면을 지긋이 굽는다. 먹기 좋게 잘라 접시에 담고 2를 곁들인다.

소스와 케첩의 진한 맛도 레몬으로 산뜻하게.
프라이팬에 넣고 찜구이를 하면 육즙이 가득한 바비큐가 완성됩니다.

스페어립 레몬 BBQ

재료(2인분)

돼지 스페어립 … 4~6개(500g)

A
중농소스•, 토마토케첩 … 각 3큰술
소금 레몬액 … 1작은술
간 생강 … 1쪽분
간 마늘 … 1쪽분
소금 레몬(둥근썰기 혹은 빗모양썰기) … 1조각

식용유 … 약간

만드는 법

1. 지퍼백에 A를 합치고 스페어립을 넣어 냉장고에서 하룻밤 재운다.

2. 프라이팬에 식용유를 두르고 가열시킨 후 1을 넣고 표면이 노릇노릇해지면 뚜껑을 덮어 약한 중불에서 15~20분 찜구이를 한다.

• 중농소스 : 중간 농축 소스라는 뜻으로 일반 돈가스 소스보다는 약하고 우스터 소스보다는 진하다.

소금 레몬

+

생선

양질의 단백질이 가득하며, 비교적 낮은 열량의 어패류.

소금 레몬과 만나면 보다 건강한 한 그릇이 완성됩니다.

생선 요리에 자신이 없는 분들께도

추천하고 싶은 레시피입니다.

많은 사람들이 좋아하는 간장 버터의 맛에 레몬의 상큼함이 더해졌습니다.
아이들도 아주 좋아하는 인기 메뉴입니다.

연어 소금 레몬 버터 소테

재료(2인분)

연어 … 2토막

소금 레몬액 … 1큰술

후추 … 약간

밀가루 … 1/2큰술

소금 레몬 버터(119쪽 참조) … 적당량

간장 … 약간

식용유 … 1과 1/2큰술

만드는 법

1. 연어는 소금 레몬액을 바르고 후추를 뿌린 후 밀가루를 입힌다.

2. 프라이팬에 기름을 둘러 가열시키고 1을 넣은 후, 양면을 노릇
노릇하게 굽는다. 소금 레몬 버터를 올리고 간장을 두른다.

등 푸른 생선 특유의 냄새를 소금 레몬이 잡아줍니다.
구워서 맛이 응축된 토마토가 절묘한 소스로 변화합니다.

정어리와 토마토의
레몬 빵가루 구이

재료(2인분)

정어리(뼈를 발라낸 것) … 3마리

토마토 … 1/2개

양파 … 1/4개

소금 레몬액 … 1큰술

후추 … 약간

A
빵가루 … 3큰술
파슬리(잘게 다진 것), 치즈가루 … 각 1큰술
다진 마늘 … 1쪽분
다진 소금 레몬 … 1/2조각분

올리브 오일 … 2큰술

만드는 법

1. 정어리는 소금 레몬액을 묻히고 후추를 뿌린다. 토마토는 한입 크기로 큼직하게, 양파는 굵게 다진다. A는 합쳐 둔다.

2. 내열 접시에 약간의 올리브 오일(분량 외)을 바르고 정어리를 올린 후, 양파, 토마토, A를 뿌린다. 올리브 오일을 두르고 오븐 토스터에서 6~7분(탈 것 같으면 알루미늄 포일을 씌워서) 굽는다.

화이트소스 통조림도 소금 레몬과 만나면 향이 좋은 소스로 거듭날 수 있습니다.
새우의 단맛을 확 끌어내서 부드러움을 배가시킨답니다.

새우와 마카로니의
담백한 그라탱

재료(2인분)

새우 … 6마리

양파 … 1/2개

양송이버섯 … 1/2팩

마카로니 … 50g

소금 레몬(둥근썰기) … 2조각

A | 베샤멜 소스(캔) … 1/2캔
A | 우유 … 1/2컵

피자용 치즈 … 2큰술

올리브 오일 … 약간

만드는 법

1. 새우는 껍질을 벗겨 등쪽에 칼집을 넣고 내장을 빼낸다. 양파는 5mm 각으로, 양송이버섯은 얇게 썬다. 마카로니는 봉투의 표시 시간대로 삶는다.

2. 프라이팬에 올리브 오일을 둘러 가열시키고, 양파, 새우, 양송이버섯을 순서대로 볶는다. 소금 레몬, A를 넣고 한소끔 익힌 후 마카로니를 넣어 섞는다.

3. 내열 접시에 옮겨 치즈를 뿌리고 오븐 토스터에서 10~15분(탈 것 같으면 알루미늄 포일을 씌워서) 굽는다.

셀러리와 레몬 향이 향긋한 한 접시입니다.
전채 요리로 어울리는 샐러드예요.

문어와 셀러리의 소금 레몬 마리네

재료(2인분)

삶은 문어 … 150g

셀러리 … 1개

A 올리브 오일 … 1큰술
굵게 간 후추 … 약간
소금 레몬(빗모양썰기) … 1/2~1조각

만드는 법

1. 문어는 살짝 데쳐 한입 크기로 큼직하게 썬다. 셀러리는 줄기를 잘라내고 문어와 같은 크기로 썬다.

2. A의 소금 레몬은 은행잎썰기로 얇게 썬다. 나머지 A의 재료와 합쳐 볼에 넣고 1을 넣어 버무린다. 맛이 배어들 때까지 냉장고에 잠시 둔다.

바지락과 베이컨의 육수가 밴 양배추의 맛이 훌륭해요.
레몬의 적당한 산미로 산뜻한 맛을 연출합니다.

바지락과 양배추, 베이컨 찜

재료(2인분)

바지락(해감한 것) … 200g

양배추 … 1/4개(250g)

베이컨 … 2장

다진 마늘 … 1/2쪽분

A

화이트와인 … 3큰술

물 … 1/3컵

다진 소금 레몬 … 1조각분

소금 레몬 버터(119쪽 참조) … 1과 1/2큰술

만드는 법

1. 양배추는 큼직하게 대충 썰고 베이컨은 2~3cm 폭으로 썬다.

2. 프라이팬에 소금 레몬 버터와 마늘을 가열하고 향이 올라오면 베이컨, 바지락, 소금 레몬을 넣어 볶는다.

3. 양배추를 넣고 A를 뿌린 후 뚜껑을 덮는다. 조개가 입을 벌리고 양배추가 부드러워질 때까지 찐다.

생선과 조개 찜의 맛이 응축된 한 접시입니다.
살짝 느껴지는 레몬 풍미의 소스는 빵에 찍어 드셔 보세요.

소금 레몬 풍미의
아쿠아 팟차

재료(2인분)

흰살생선(도미 등) ··· 2토막

바지락(해감한 것) ··· 200g

방울토마토 ··· 6개

양파 ··· 1/3개

다진 마늘 ··· 1쪽분

소금 레몬(둥근썰기) ··· 2조각

화이트와인 ··· 1/2컵

올리브 오일 ··· 1과 1/2큰술

만드는 법

1. 양파는 5mm 각으로 썬다.

2. 프라이팬에 올리브 오일을 둘러 가열시키고, 1과 마늘을 볶는다. 향이 올라오면
   흰살생선을 넣고 양면을 빠르게 굽는다.

3. 바지락, 토마토, 소금 레몬을 넣고 화이트와인을 뿌린 후 뚜껑을 덮어 약불에서 10
   분 정도 찐다. 접시에 담고 올리브 오일을 약간(분량 외) 뿌린다.

매콤한 중화요리에도 레몬을 매치시켜 보세요.
뜨거운 참기름을 끼얹으면 향이 널리 퍼진답니다.

담백한 흰살생선 찜

재료(2인분)

흰살생선(도미 등) … 2토막

파 … 1/2뿌리

소금 레몬액 … 1큰술

파(파란 부분, 크게 썬 것) … 1뿌리분

생강(얇게 썬 것) … 4개

소금 레몬(둥근썰기) … 1조각

청주 … 2큰술

A 간장 … 1/2큰술

두반장 … 1/2작은술

참기름 … 2큰술

만드는 법

1. 흰살생선은 소금 레몬액을 묻힌다. 파는 채 쳐서 물로 씻고 물기를 없앤다.

2. 내열 접시에 파의 파란 부분, 흰살생선, 생강, 소금 레몬을 순서대로 올린 후
청주를 뿌리고 랩을 살짝 씌워 전자레인지에서 4~5분 가열한다.

3. 1의 파를 올리고 A를 뿌린 후 작은 냄비에서 가열한 참기름을 두른다.

레몬의 향과 산미가 더해져 고급스러워졌어요.
화이트와인과도 잘 맞는 요리입니다.

전갱이 절임

만드는 법

1. 전갱이는 소금 레몬액을 묻힌다. A의 양파는 얇게 썰
   고 당근은 채 친다.
2. 작은 냄비에 B를 넣고 한소끔 끓인 후 불에서 내려 A
   를 넣는다.
3. 튀김용 기름을 중온(약 170℃)으로 가열시키고 밀가루
   를 입힌 전갱이를 바삭하게 튀긴다. 뜨거울 때 2에 절
   여 맛을 배게 한다.

재료(2인분)

전갱이(뼈를 발라낸 것) … 2마리

A
양파 … 1/4개
당근 … 1/4개
소금 레몬(둥근 썰기) … 1조각
빨간 고추(송송 썬 것) … 1개분

소금 레몬액 … 1/2큰술

B
물 … 1/2컵
간장, 설탕, 식초 … 각 2큰술

밀가루, 튀김용 기름 … 각 적당량

항상 먹던 소금구이에 소금 레몬을 더해 보세요.
방어의 냄새를 없애주고 맛이 더욱 두드러진답니다.

방어의 소금 레몬 구이

재료(2인분)

방어 … 2토막
소금 레몬액 … 2큰술
간 무 … 1컵

만드는 법

1. 방어는 소금 레몬액을 묻힌다. 간 무는 가볍게 물기를 짠다.
2. 생선구이 그릴로 1의 방어를 노릇노릇하게 굽는다. 접시에 담고
   간 무를 곁들인다.

통조림에는 없는, 수제이기에 가능한 맛!
잘게 찢어서 샌드위치나 샐러드에 응용해도 좋아요.

레몬 풍미의 수제 참치

재료(만들기 쉬운 분량)

참치(붉은 살) … 1토막
소금 레몬액 … 1큰술
소금 레몬(둥근썰기 혹은 빗모양썰기) … 2조각
마늘(빻은 것) … 1쪽
월계수잎 … 1장
올리브 오일 … 적당량

만드는 법

1. 참치는 소금 레몬액을 묻힌다.

2. 작은 냄비에 1을 넣어 올리브 오일을 참치의 절반 정도 높이까지 붓고, 소금 레몬, 마늘, 월계수잎을 넣어 약불에서 끓인다.

3. 2분 정도 지나 참치의 아랫면이 하얗게 되면 뒤집고 그대로 1~2분 가열한다. 전체가 흰색으로 변하면 불을 끄고 그대로 식힌다.

소금 레몬
+
야채

소금 레몬의 부드러운 신맛과 짠맛이

야채의 단맛을 끌어내

계속해서 먹고 싶은 요리를 만들어 줍니다.

마음껏 먹어도 속이 더부룩하지 않아요.

소금 레몬을 넣은 물로 삶으면 야채의 색이 보다 선명해져요.
조금씩 맛이 다른 나물은 많이 만들어 두어 반찬으로 사용하면 좋습니다.

삼색 야채의
소금 레몬 나물

재료(2인분)

감자 … 큰 것 1개

당근 … 1개

오이 … 2개

소금 레몬(둥근썰기 혹은 빗모양썰기) … 1조각

식초 … 약간

A
참기름, 볶은 깨(간 것) … 각 1큰술
소금 레몬액 … 1/2큰술
치킨스톡, 다진 마늘 … 각 1/2작은술
후추 … 약간

B
참기름 … 1큰술
소금 레몬액 … 1/2큰술
식초 … 1작은술
설탕, 후추 … 약간씩

C
볶은 깨(간 것) … 1큰술
소금 레몬액 … 1/2큰술
참기름 … 1/2큰술
후추 … 약간

만드는 법

1. 야채는 각각 채 썬다. 냄비에 물을 끓이고 소금 레몬과 식초를 넣어 감자는 4분,
   당근은 1~2분 삶고 물기를 없앤다.
2. 감자를 A, 당근을 B, 오이를 C로 각각 버무린다.

명란젓과 레몬의 궁합은 발군의 맛을 자랑합니다.
마요네즈를 사용하지 않아 깔끔합니다.

소금 레몬의 타라모 샐러드

재료(2인분)

감자 … 큰 것 2개

명란젓 … 40g

A
식용유 … 1/2큰술
설탕 … 1작은술
다진 소금 레몬 … 1~2조각분

우유 … 5큰술

만드는 법

1. 명란젓은 껍질을 벗겨 A와 합친다.
2. 감자는 껍질째로 씻고 물기가 있는 채로 1개씩 랩에 감싸 전자레인지에서 6~7분, 꼬치로 찔렀을 때 쑥 들어갈 정도까지 가열한다. 뜨거울 때 껍질을 벗긴 후 우유를 넣어 으깨고 열을 식힌다. 1을 넣어 섞는다.

재료는 양파와 소금 레몬뿐.
감자의 단맛이 살아나는 심플한 감자 샐러드입니다.

포테이토 샐러드

재료(2인분)

감자 … 큰 것 2개

양파 … 1/4개

소금 레몬(빗모양썰기) … 1/2~1조각

A
식용유 … 2큰술
소금 레몬액 … 1큰술
식초 … 1큰술
설탕 … 1작은술

굵게 간 후추 … 약간

만드는 법

1. 양파는 얇게 썰고 A와 합친다.
2. 감자는 껍질째로 씻고 물기가 있는 채로 한 개씩 랩에 감싸 전자레인지에서 6~7분, 꼬치로 찔렀을 때 쑥 들어갈 정도까지 가열한다. 뜨거울 때 껍질을 벗겨 으깨고 은행잎썰기로 얇게 썬 소금 레몬, 1을 넣어 섞는다. 접시에 담고 후추를 뿌린다.

샐러드 대신 먹을 수 있는 피클로 신맛이 자극적이지 않고 부드럽습니다.
피클 액이 뜨거울 때 야채를 넣어 확실히 맛이 배도록 합니다.

소금 레몬 풍미의
마일드 피클

재료(만들기 쉬운 분량)

오이 … 2개

셀러리 … 1개

당근 … 1개

A
물 … 2컵
식초 … 1컵
꿀 … 3큰술
소금 레몬(둥근썰기) … 2조각
소금 레몬액 … 1큰술
빨간 고추 … 1개
월계수잎 … 1장

만드는 법

1. 야채는 각각 먹기 좋은 크기로 자른다.

2. 작은 냄비에 A를 합치고 한소끔 끓인다. 불에서 내려 1을 넣고, 3시간에서
   하룻밤 정도 두어 맛을 배게 한다.

소시지의 맛과 소금 레몬의 풍미로
항상 먹던 당근이 깜짝 놀랄 정도로 훨씬 맛있어집니다.

당근과 소시지 찜

만드는 법

1. 당근, 양파는 채 친다. 소시지는 비스듬하게 몇 줄의
   칼집을 넣는다.

2. 프라이팬에 버터를 둘러 가열하고 양파, 당근을 순서
   대로 볶는다.

3. 부드러워지면 소시지를 넣어 한 번 더 볶은 후 A를 넣
   고 뚜껑을 덮어 약불에서 10분 정도 찐다.

재료(2인분)

당근 … 1개

양파 … 1/4개

소시지 … 4개

화이트와인, 물 … 각 3큰술

A   소금 레몬액 … 1/2큰술

소금 레몬(둥근썰기) … 1조각

후추 … 약간

버터 … 10g

소금 레몬을 발라 굽기만 해도 단맛이 증가합니다.
그대로 먹어도 좋고, 코티지 치즈를 발라 먹어도 좋습니다.

고구마 소금 레몬 그릴

재료(2인분)

고구마 … 1개

A

소금 레몬액 … 1큰술

식용유 … 1큰술

소금 레몬 코티지 치즈(120쪽 참조) … 적당량

만드는 법

1. 고구마는 껍질째로 한입 크기로 큼직하게 썰어 물에 씻고, 물기를 없애 A를 묻힌다.

2. 오븐 토스터에서 9~10분, 가끔씩 뒤집으면서 전면이 노릇노릇해질 때까지 굽는다(탈 것 같으면 알루미늄 포일을 씌워서 조절한다). 접시에 담고 소금 레몬 코티지 치즈를 곁들인다.

심플한 멘츠유에 소금 레몬을 더해 보세요.
튀긴 채소의 응축된 맛이 만족스러울 거예요.

여름 야채 튀김 절임

재료(2인분)

가지 … 2개

호박 … 100g

피망 … 2개

	물 … 3/4컵
A	멘츠유• … 1/2컵
	소금 레몬(빗모양썰기) … 1조각

튀김용 기름 … 적당량

만드는 법

1. 가지는 마구썰기, 피망은 4등분하여 썬다. 호박은 1cm 두께로 먹기 좋은 크기로 자른다. A의 소금 레몬은 은행잎썰기로 얇게 썰고 나머지 A와 합쳐 둔다.

2. 튀김용 기름을 중온(약 170℃)으로 가열시켜 1의 야채를 바싹 튀기고 뜨거울 때 A에 담가 맛을 배게 한다.

• 멘츠유 : 설탕을 베이스로 육수와 간장, 미림으로 만든 일본 간장의 일종

미소와 두유의 궁합은 두말할 나위가 없죠.
거기에 레몬까지 더하면 깊이가 있으면서도 담백해진답니다.

일본풍 포테이토 그라탱

재료(2인분)

감자 … 1개

두유 … 1컵

A 소금 레몬액 … 1작은술

미소 … 1작은술

피자 치즈 … 적당량

간장 … 약간

쪽파(송송 썬 것) … 약간

만드는 법

1. 감자는 얇게 썬다.

2. 냄비에 1과 A를 넣어 약불에 올리고 감자가 부드러
   워질 때까지 끓인다.

3. 내열 접시에 옮겨 치즈, 간장을 뿌리고 오븐 토스터
   에서 노릇노릇해질 때까지 굽는다. 쪽파를 뿌린다.

무와 소금 레몬 무침

양배추와 소금 레몬 무침

레몬과 푸른 차조기, 참기름.
좋은 향기가 코를 간질이는 간소한 음식입니다.

무와 소금 레몬 무침

재료(만들기 쉬운 분량)

무 … 1/3개

푸른 차조기 … 5장

소금 레몬액 … 1큰술

A | 참기름 … 1/2큰술

소금 레몬(빗모양썰기) … 1/2~1조각

만드는 법

1. 무는 얄팍썰기를 하고 소금 레몬액을 버무려 5분 정도 둔다. 푸른 차조기는 채 치고 A의 소금 레몬은 은행잎썰기로 얇게 썬다.

2. 1의 무의 물기를 가볍게 짜고 A, 푸른 차조기를 넣어 무친다.

설탕을 넣으면 짠맛이 부드러워져요.
시원한 생강의 향이 더해져 고기나 생선 요리에 곁들이면 좋습니다.

양배추와 소금 레몬 무침

재료(만들기 쉬운 분량)

양배추 … 1/2개

소금 레몬액 … 2큰술

A | 생강즙, 설탕 … 각 2작은술

다진 소금 레몬 … 1/2~1조각분

만드는 법

1. 양배추는 채 치고 소금 레몬액으로 버무려 5분 정도 둔다.

2. 1의 물기를 가볍게 짜고 A를 넣어 무친다.

주키니 소금 레몬 오일 마리네

파프리카 소금 레몬 오일 마리네

잘게 썬 소금 레몬을 넣으면 향도 좋아지고, 보기에도 예쁩니다.
취향에 따라 허브 잎을 뿌려도 맛있어요.

주키니 소금 레몬 오일 마리네

재료(만들기 쉬운 분량)

주키니 … 큰 것 2개

A
| 소금 레몬액 … 1큰술
| 다진 소금 레몬 … 1/2~1조각분
| 간 마늘 … 약간

올리브 오일 … 2큰술

만드는 법

1. 주키니는 길이를 반으로 잘라 세로로 얇게 썬다.
2. 프라이팬에 올리브 오일을 둘러 가열시키고, 주키니의 양면을 알맞게 굽는다. 불을 끄고 A를 묻혀 골고루 배게 한다.

정성껏 구워 단맛을 응축시킨 파프리카 마리네입니다.
적당한 산미의 오일과 마늘의 향이 계속 먹고 싶은 맛이에요.

파프리카 소금 레몬 오일 마리네

재료(만들기 쉬운 분량)

파프리카(색은 취향에 따라 고른다) … 2개

A
| 올리브 오일 … 3큰술
| 소금 레몬액 … 1큰술
| 식초 … 1큰술
| 마늘(얇게 썬 것) … 1/2쪽분

만드는 법

1. 파프리카는 세로로 반 잘라 씨를 제거한다. 껍질에 가볍게 올리브 오일(분량 외)을 바르고 생선구이 그릴이나 오븐 토스터에서 껍질이 그을릴 때까지 굽는다.
2. 열기가 없어지면 껍질을 벗기고 합쳐 둔 A에 담가 맛을 배게 한다.

소금 레몬으로
피부 미용

양질의 단백질과 충분한 비타민, 항산화물질은

아름다운 피부를 만들기 위한 머스트 아이템입니다.

향의 진정 효과는 스트레스를 완화시키고

피부가 거칠어지는 것을 막아 줍니다.

퍼석퍼석해지기 쉬운 닭가슴살도 소금 레몬이 더해지면 촉촉하고 부드러워집니다.
비타민이 듬뿍 담긴 야채와 만난 샐러드입니다.

소금 레몬 닭가슴살 샐러드

재료(2인분)

닭가슴살(껍질 없는 것) … 1장

A │ 소금 레몬액 … 2큰술
  │ 설탕 … 1큰술

후추 … 약간

어린잎채소 … 적당량

만드는 법

1. 닭고기에 A를 버무리고 냉장고에서 하룻밤~1일 정도 재운다.

2. 냄비에 물을 끓이고 1을 넣어 뚜껑을 덮고 약불에서 5분 삶는다.
   불을 끄고 그대로 식힌다.

3. 2를 비스듬하게 얇게 썰고 어린잎채소와 함께 접시에 담는다. 후추
   를 뿌리고 어린잎채소에 소금 레몬액 적당량(분량 외)을 뿌린다.

참치의 비타민 B₆는 대사를 높여줍니다.
레몬의 비타민 C도 미백 효과에 도움을 줍니다.

참치와 아보카도의 소금 레몬 무침

재료(2인분)

참치 … 1토막(200g)

아보카도 … 1개

A
멘츠유* … 1큰술
소금 레몬액 … 2작은술
소금 레몬(빗모양썰기) … 1조각
고추냉이 … 약간
볶은 깨 … 1/2큰술

만드는 법

1. 참치, 아보카도는 각각 2cm 각으로 자른다.

2. A의 소금 레몬은 은행잎썰기로 썰고 나머지 A와 섞는다. 1을 넣고 버무린다.

* 멘츠유 : 설탕을 베이스로 육수와 간장, 미림으로 만든 일본 간장의 일종

항산화작용에 강한 리코펜과 비타민 C를 섭취하여
보다 젊은 피부를 만들어 보세요.

방울토마토 콩포트

재료(2인분)

방울토마토 … 1팩

A
소금 레몬(둥근썰기) … 1조각
물 … 1과 1/4컵
화이트와인 … 1/4컵
설탕 … 3큰술

만드는 법

1. 방울토마토는 반으로 자른다.

2. 작은 냄비에 A를 넣고 한소끔 끓인 후, 열기가 없어지면 1을 넣고 식힌다.

'먹는 미용액'
아보카도를
차가운 스프로!

아보카도의 지방은 염증을 억제하는 오메가 3입니다.
매일 아침 습관처럼 먹으면 좋은 스프입니다.

아보카도와 오이 냉스프

재료(2인분)

아보카도 … 1개

오이 … 1개

방울토마토 … 3개

A
플레인 요거트(무당), 찬 물 … 각 1/2컵
소금 레몬액 … 1큰술
후추 … 약간

소금 레몬(빗모양썰기) … 약간

올리브 오일 … 약간

만드는 법

1. 아보카도와 오이는 각각 한입 크기로 큼직하게 자르고 방울토마토 2개, A와
함께 믹서에 갈아 부드럽게 만든다.

2. 접시에 담고 은행잎썰기로 얇게 썬 소금 레몬, 반으로 자른 나머지 방울토
마토를 올리고 올리브 오일을 뿌린다.

유산균이나 비타민 C, 칼륨 등 아름다운 피부를 만드는 영양소가 가득합니다.
아침 식사로 좋아요.

과일 요거트 샐러드

재료(2인분)

키위 … 1개

바나나 … 1개

A
플레인 요거트(무당) … 1컵
꿀 … 1큰술
소금 레몬(둥근썰기 혹은 빗모양썰기) … 1조각

만드는 법

1. 키위, 바나나는 각각 한입 크기로 큼직하게 썬다.
2. A의 소금 레몬은 큼직하게 썰고 나머지 A와 합친다. 1을 넣어 버무린다.

올리브 오일이 베타카로틴의 흡수율을 높여 줍니다.
항산화 비타민을 듬뿍 섭취합시다.

당근과 오렌지의 소금 레몬 샐러드

재료(2인분)

당근 … 1개

오렌지 … 1/2개

A
올리브 오일 … 1큰술
소금 레몬액 … 2작은술
굵게 간 후추 … 약간

만드는 법

1. 당근은 슬라이서로 채 친다. 오렌지는 껍질과 속껍질을 벗겨 한입 크기로 큼직하게 썬다.

2. 1에 A를 넣고 버무린다.

피부 트러블을
예방하는
베타카로틴이
듬뿍!

호박과 아몬드는 강한 항산화작용을 하는 비타민 E가 풍부합니다.
레몬 껍질에 함유된 폴리페놀의 효능에도 기대가 큽니다.

호박과 아몬드 샐러드

재료(2인분)

호박 … 1/6개(250g)

아몬드(슬라이스) … 2큰술

A
| 마요네즈 … 2큰술
| 연유 … 1큰술
| 소금 레몬액 … 1작은술
| 다진 소금 레몬 … 1조각분

만드는 법

1. 호박은 군데군데 껍질을 벗겨 한입 크기로 큼직하게 썬다. 내열 접시에 올려
헐겁게 랩을 씌운 뒤 전자레인지에서 5분 정도, 부드러워질 때까지 가열한다.
2. 대충 으깨서 A로 간을 하고 아몬드를 넣어 섞는다.

카레 가루에
함유된 강황에는
피부를 정돈하는
효과도!

식욕을 돋우는 스파이스의 자극으로 신진대사가 활발해집니다.
양질의 단백질과 비타민 C도 피부를 건강하게 지켜 줍니다.

닭날개 스파이시 그릴

재료(2인분)

닭날개 … 8개

A
올리브 오일 … 4큰술
소금 레몬액 … 2큰술
카레 가루 … 2작은술
후추 … 약간
간 마늘 … 1쪽분

만드는 법

1. 닭날개에 A를 비벼 넣고 냉장고에서 1~2시간 재운다.

2. 생선구이 그릴로 한쪽 면을 5분 정도 굽고, 뒤집어서 다시 5분 정도 굽는다.

소금 레몬으로
피로 회복

피로를 다음 날까지 남기지 않기 위해서는

에너지대사에 빼놓을 수 없는 비타민 B군이나

그 활동을 촉진하는 알리신이 필요합니다.

소금 레몬의 효과와 합쳐져 언제나 건강을 유지할 수 있습니다.

항상 먹는 반찬도 소금 레몬으로 뒷맛이 깔끔해집니다.
오징어의 타우린이 간 기능을 높여 주고, 피로를 없애 줍니다.

담백한 오징어 토란 조림

재료(2인분)

오징어 … 1마리

토란 … 4개

| 소금 레몬(빗모양썰기) … 1조각

A | 육수 … 2컵

| 설탕, 미림, 간장 … 각 1큰술

만드는 법

1. 토란은 껍질을 벗겨 약간의 소금(분량 외)을 넣어 비비고 물에 데친다. 오징어는 내장과 연골을 제거한 후, 몸통은 1cm 폭으로 둥근썰기를 하고 다리는 한 개씩 잘라 나눈다.

2. 냄비에 A를 끓이고 1의 토란을 넣어 약불에서 10분 정도 끓인다. 오징어를 넣고 빠르게 익힌다.

76

소화에 좋은 단백질로 빠르게 피로를 해소합니다.
소금 레몬의 구연산이 뒤에서 보조해 준답니다.

소금 레몬 소스의
두부 햄버그

재료(2인분)

다진 닭고기 … 250g

두부 … 1/2모

A
달걀 … 1개
파(파란 부분을 잘게 썬 것) … 5cm분
녹말 … 2큰술
소금 레몬액 … 1/2큰술

B
물 … 1/2컵
설탕 … 1/2큰술
소금 레몬액 … 1작은술
간장 … 1작은술
치킨스톡 … 1/2작은술

녹말 … 1작은술
식용유 … 1큰술
소금 레몬(빗모양썰기) … 1조각
파(잘게 썬 것) … 약간

만드는 법

1. 볼에 다진 고기, 두부와 A를 넣고 잘 섞은 후 6등분하여 평평한 원 모양으로 만든다.

2. 프라이팬에 식용유를 둘러 가열한 후 1의 양면을 노릇노릇하게 구운 후 접시에 담는다.

3. 작은 냄비에 B를 끓이고 물 1큰술로 녹인 녹말을 넣어 걸쭉하게 만든다. 잘게 썬 소금
레몬과 파를 넣어 재빨리 익힌 후 2에 붓는다.

고구마와 레몬으로 비타민 C를 듬뿍 섭취!
달면서도 짭조름한 맛에 왠지 기분이 좋아져요.

고구마 소금 레몬 조림

재료(2인분)

고구마 … 1개(250g)

A | 소금 레몬(둥근썰기) … 2조각
  | 설탕 … 2큰술

만드는 법

1. 고구마는 껍질을 벗기지 않은 채로 1cm 폭의 둥근썰기를 하고, 물에 씻은 후 물기를 없앤다.

2. 냄비에 1과 A를 넣고 물을 잠길락 말락 하게(1과 1/2~2컵 정도) 따르고 끓인다. 약불에서 15분 정도, 꼬치로 찔렀을 때 쑥 통과할 정도까지 조린다.

양파의 알리신이 비타민 B₁의 활동을 서포트합니다.
토마토와 레몬의 구연산도 든든한 아군이에요.

토마토와 양파의 소금 레몬 샐러드

재료(2인분)

토마토 … 1개

양파 … 1개

푸른 고추 … 2개

햄 … 2장

소금 레몬액 … 1큰술

소금 레몬(둥근썰기 혹은 빗모양썰기) … 1조각

만드는 법

1. 양파는 얇게 썰어 소금 레몬액을 버무린 후 5분 정도
둔다.

2. 토마토는 반으로 잘라 씨를 빼고 한입 크기로 큼직
하게 썬다. 푸른 고추는 송송 썰고 햄은 잘게 썬다.

3. 1의 물기를 짜고 2, 굵게 다진 소금 레몬과 함께 섞
는다.

소금 레몬으로 스태미나 보충

여름의 무더위에 지치고, 식욕도 없을 때는
그야말로 소금 레몬이 그 진가를 발휘할 때입니다.
스태미나 가득한 고기 요리도
소금 레몬과 함께라면 산뜻하게 먹을 수 있어요.

소고기는 양질의 단백질과 철의 공급원입니다.
힘이 나는 요리예요.

소금 레몬 스테이크 프리토

재료(2인분)

소고기 사태살(스테이크용) … 2장

감자 … 2개

A
| 소금 레몬액 … 2작은술
| 간 마늘 … 1쪽분
| 후추 … 약간

소금 레몬 버터(119쪽 참조) … 적당량

식용유 … 약간

튀김용 기름 … 적당량

만드는 법

1. 소고기는 A를 바른다. 감자는 1~2cm 두께의 막대기 모양으로 잘라 5분 정도 물에 씻은 다음 물기를 확실히 없앤다.

2. 튀김용 기름을 중온(약 170℃)으로 가열시키고 감자를 노릇노릇하게 튀긴다. 프라이팬에 기름을 둘러 가열시키고 소고기를 취향에 맞는 굽기로 굽는다. 접시에 담고 고기에 소금 레몬 버터를 올린다.

식욕이
떨어지기 쉬운
여름에
추천해요!

큰 덩어리의 고기도 소금 레몬을 넣어 끓이면 의외로 담백해집니다.
야채와 함께 듬뿍 먹어 봅시다.

소금 레몬 돼지고기 포토푀 

재료(3~4인분)

돼지고기 목살 … 400g

양파 … 2개

셀러리 … 1개

당근 … 1개

양배추 … 1/3개

소금 레몬액 … 2큰술

소금 레몬(빗모양썰기) … 2조각

월계수잎 … 1장

만드는 법

1. 돼지고기는 소금 레몬액에 버무리고 지퍼백에 넣어 냉장고에서 하룻밤 재운다.

2. 양파는 세로로 반을 자른다. 셀러리는 줄기를 제거하고 냄비의 크기에 맞춘 길이로 썰어 4등분한다. 당근은 세로로 반으로 썰고, 양배추는 심이 있는 채로 반으로 자른다. 1은 물기를 없애고 4등분한다.

3. 냄비에 2의 돼지고기, 양파, 셀러리와 소금 레몬, 월계수잎을 넣고 잠길락 말락 하게 물을 따른 후 끓인다. 펄펄 끓을 정도로 열을 조절하고, 불순물을 제거하면서 40분 정도 조린다. 당근, 양배추를 넣고 20분 더 끓인다.

카레의 향이 식욕을 돋우어 줘요.
비타민 C가 듬뿍 담긴 한 접시입니다.

다진 고기와 감자 카레 볶음

재료(2인분)

다진 돼지고기와 소고기 … 150g

감자 … 3개(300g)

양파 … 1/4개

다진 생강 … 1쪽분

A
| 소금 레몬액 … 1큰술
| 카레가루 … 2작은술
| 후추 … 약간

식용유 … 1큰술

만드는 법

1. 감자는 3cm 각으로 잘라 물에 씻고 물기를 없앤다. 양파는 잘게 다진다.

2. 프라이팬에 식용유와 생강을 넣어 가열시키고, 향이 올라오면 1을 넣어 볶는다. 식용유가 골고루 퍼지면 다진 고기를 넣고 포슬포슬해졌을 때 A로 간을 맞춘다. 물 1/4~1/2컵을 넣고 뚜껑을 닫아 5~6분 정도 찐다.

양배추가 건강한 위를 되찾아 줄 거예요.

돼지고기와 양배추
레몬 미소 볶음

재료(2인분)

저민 돼지고기 … 150g

양배추 … 4~5장

설탕, 청주 … 각 2작은술

미소 … 1/2큰술

A 소금 레몬액 … 1작은술

간장 … 1작은술

식용유 … 1큰술

만드는 법

1. 양배추는 한입 크기로 큼직하게 썬다. A는 섞어 둔다.
2. 프라이팬에 식용유를 둘러 강불에 가열시키고 돼지고기,
   양배추를 순서대로 볶는다. 양배추가 부드러워지면 A로
   간을 맞춘다.

소금 레몬으로
디톡스

몸에 쌓인 불필요한 물질을 버리고

상쾌해지고 싶다면

식물섬유와 칼륨을 듬뿍 섭취하는 것이 좋습니다.

야채와 레몬으로 맛있고 효율적으로 체내를 정화해 봅시다.

부드러우면서 살살 녹는 맛. 칼륨이 듬뿍 담긴 안주예요.

레몬 풍미의 가지 페이스트

재료(만들기 쉬운 분량)

가지 … 3개

바질 … 4~5장

올리브 오일 … 3큰술

A 소금 레몬액 … 1작은술

간 마늘 … 1/2쪽분

후추 … 약간

만드는 법

1. 가지는 생선구이용 그릴이나 오븐 토스터로 껍질이 그을릴 때까지 굽고, 열기가 없어지면 껍질을 벗긴다. A와 함께 푸드 프로세서에 돌려 페이스트 상태로 만든다.

2. 잘게 찢은 바질을 넣어 섞는다. 맛을 보고 싱거우면 소금 레몬액 약간(분량 외)으로 간을 맞춘다. 취향에 따라 바게트 등에 발라서 먹으면 된다.

해초와 마,
효과를 두 배로
기대할 수 있어요!

해초 샐러드와
마 소금 레몬 드레싱

재료(2인분)

모둠해초(건조) … 3큰술(6g)
양상추 … 1/4개
오이 … 1개
마 … 5cm
소금 레몬 일본식 드레싱(123쪽 참조) … 2큰술

만드는 법

1. 모둠해초는 물에 담갔다가 꺼낸다. 양상추는 먹기 쉬운 크기로 찢고,
   오이는 잘게 썰어 접시에 담는다.
2. 마는 갈아서 소금 레몬 일본식 드레싱과 섞은 후 1에 뿌린다.

불용성 식이섬유가 변비를 해소해 줍니다.
많이 만들어 두어 매일 아침 먹으면 좋아요.

버섯의 소금 레몬 오일 마리네

재료(만들기 쉬운 분량)

버섯(새송이버섯, 팽이버섯, 느타리버섯 등) … 합쳐서 3팩(300g)
마늘(빻은 것) … 1쪽
소금 레몬(빗모양썰기) … 2조각
소금 레몬액 … 2작은술
후추 … 약간
올리브 오일, 화이트와인 … 각 2큰술

만드는 법

1. 버섯은 각각 먹기 쉬운 크기로 썰거나 찢는다.

2. 프라이팬에 올리브 오일과 마늘, 소금 레몬을 넣어 가열시키고, 향이 올라오면 1을 볶는다. 화이트와인을 넣고 소금 레몬액과 후추로 간을 맞춘다.

깨의 고소한 향이 일품입니다. 식물섬유와 세사민이 가득해요.

병아리콩 소금 레몬 페이스트

재료(만들기 쉬운 분량)

병아리콩(통조림) … 200g

소금 레몬(빗모양썰기) … 1조각

소금 레몬액 … 2작은술

올리브 오일, 흰깨 페이스트 … 각 1큰술

다진 마늘 … 1작은술

굵게 간 후추 … 약간

만드는 법

1. 후추 이외의 재료를 푸드 프로세서에 갈아 페이스트 상태로 만든다.

2. 접시에 담고 후추를 뿌린다. 취향에 따라 바게트 등에 발라 먹으면 된다.

소금 레몬으로
안티에이징

항산화작용이 강한 베타카로틴이나

비타민 C, E 등을 함유한 재료로

몸속의 녹을 제거하여 노화를 예방합니다.

소금 레몬으로 젊음을 지킬 수 있습니다.

후추를 활용하면 안주로도 최적의 한 접시가 완성됩니다.
단백질과 비타민 C가 몸속부터 재생시켜줄 거예요.

모래주머니와 피망의
소금 레몬 볶음

만드는 법

1. 모래주머니는 얇게 썰고 피망은 가로로 잘게 썬다.
2. 프라이팬에 식용유를 둘러 가열시킨 후 1을 볶고, A로 간을 맞춘다. 접시에 담고 후추를 뿌린다.

재료(2인분)

모래주머니 … 150g

피망 … 2개

A | 소금 레몬액 … 1큰술
| 청주 … 1큰술

식용유 … 1과 1/2큰술

굵게 간 후추 … 약간

생강과 레몬으로
항산화작용
두 배!

돼지고기의 비타민 B_{12}가 신경계의 활동을 정상으로 돌려줘요.
생강은 혈액 순환을 좋게 하고, 냉증에서 오는 컨디션 난조도 막아 줍니다.

소금 레몬 포크 진저

재료(2인분)

저민 돼지고기 … 300g

양파 … 1/2개

양배추 … 2장

A
| 물 … 3큰술
| 멘츠유• … 2큰술
| 설탕 … 2작은술
| 소금 레몬액 … 1작은술
| 소금 레몬(빗모양 썰기) … 1조각
| 간 생강 … 2쪽분

식용유 … 1큰술

만드는 법

1. 양파는 얇게 썰고 양배추는 채 친다.

2. 볼에 A를 합치고 돼지고기, 양파를 넣어 가볍게 버무린다.

3. 프라이팬에 식용유를 둘러 가열시키고, 2를 헤치면서 볶는다. 양배추와
  함께 접시에 담는다.

• 멘츠유 : 설탕을 베이스로 육수와 간장, 미림으로 만든 일본 간장의 일종

항산화비타민인 비타민 A, C, E 총출동!
샐러드를 대신할 수 있는 야채 딥입니다.

아보카도와 토마토 딥

재료(만들기 쉬운 분량)

아보카도 ⋯ 2개

토마토 ⋯ 1개

파프리카(노랑) ⋯ 1/4개

양파 ⋯ 1/8개

A
소금 레몬액 ⋯ 1작은술
식초 ⋯ 1작은술
간 마늘 ⋯ 1/2쪽분

만드는 법

1. 토마토는 반으로 잘라 씨를 제거하고 1cm 각으로 썬다. 파프리카는 굵게 다진다. 양파는 잘게 썰고 물에 씻은 다음 물기를 없앤다.

2. 아보카도는 한입 크기로 썰어 볼에 넣고 1, A를 넣어 으깨면서 섞는다. 취향에 따라 토르티야 칩 등에 찍어 먹으면 된다.

영양을 몸 전체로 운반하는 혈관을 튼튼하게 만들어 주는 성분이 가득해요!

브로콜리와 베이컨 볶음

재료(2인분)

브로콜리 … 1/2개

베이컨(잘게 썬 것) … 2장분

다진 마늘 … 1/2쪽분

소금 레몬(빗모양썰기) … 1/2조각분

A ┤ 물 … 2큰술

소금 레몬액 … 1/2큰술

올리브 오일 … 2큰술

만드는 법

1. 브로콜리는 먹기 좋은 크기로 나눈다.

2. 프라이팬에 올리브 오일과 마늘을 가열시키고 향이 올라
오면 베이컨을 넣어 볶는다.

3. 브로콜리를 넣고 식용유가 퍼지면 A를 넣어 뚜껑을 덮고
찐다. 은행잎썰기로 얇게 썬 소금 레몬을 넣고 한 번 더
볶는다.

양파와 셀러리에도
혈액을
맑게 해 주는
효과가 있어요!

연어의 아스타크산틴은 강한 항산화작용을 합니다.
양파는 혈액을 맑게 해 주는 효과가 있어 젊음을 유지할 수 있어요.

훈제 연어 소금 레몬 마리네 

재료(2인분)

훈제 연어 … 120g

양파 … 1/2개

셀러리 … 1/2개

A
올리브 오일 … 3큰술
식초 … 2큰술
소금 레몬액 … 1작은술
설탕 … 1/2작은술
소금 레몬(빗모양썰기) … 1/2조각

굵게 간 후추 … 약간

만드는 법

1. 양파는 얇게 썰어 물에 씻고 물기를 없앤다. 셀러리는 줄기를 제거하고 어슷썰기 한다. 연어는 크기가 큰 경우 먹기 좋은 크기로 썬다.
2. A의 소금 레몬은 잘게 다진다. 나머지 A와 합친 후 1을 넣어 섞고 맛이 어우러지게 한다. 접시에 담고 후추를 뿌린다.

고소한 깨에는 항산화작용을 하는 세사민이 풍부하답니다.

돼지고기 샤부샤부와
레몬 참깨 소스

재료(2인분)

샤부샤부용 돼지고기 … 150g

오이 … 1개

오크라 … 10개

A

참깨(간 것과 볶은 것) … 합쳐서 2큰술

식용유 … 2큰술

설탕 … 1과 1/2큰술

소금 레몬액 … 1큰술

간장 … 1큰술

만드는 법

1. 냄비에 물을 끓여 오크라를 빠르게 데치고 세로로 반을 자른다. 같은 물에
돼지고기를 한 장씩 데친 후 찬물에 넣었다가 확실히 물기를 없앤다. 오이
는 필러로 얇게 벗긴다.

2. 접시에 1을 담고 섞어 둔 A를 위에 뿌린다.

소금 레몬으로
밥과
면 요리

소량으로도 맛을 확실히 잡아 주는 소금 레몬은
바쁠 때의 식사 준비에 아주 편리합니다.
한 그릇의 밥이나 면 요리와도 잘 어울립니다.

참치 마요네즈 샐러드 우동

재료(2인분)

우동 … 2봉지

토마토 … 1개

오이 … 1개

상추 … 3장

참치캔 … 작은 것 1개

A │ 소금 레몬 일본식 드레싱(123쪽 참조) … 2큰술
  │ 볶은 깨, 마요네즈 … 각 2큰술

소금 레몬(빗모양썰기) … 1/2조각

만드는 법

1. 토마토는 마구 썰고 오이는 군데군데 껍질을 벗
   겨 마구 썬다. 상추는 찢는다.

2. 참치는 가볍게 기름을 빼고 A를 넣어 섞는다.

3. 우동은 삶은 후 물로 씻고 물기를 없앤다. 1과 섞
   어 접시에 담고 2를 곁들인다. 잘게 썬 소금 레몬
   을 뿌린다.

레몬이 넘플라의 맛을 한층 돋우어 줍니다.
멸치와 생강으로 풍미를 더해 보세요.

아시안 소금 레몬 야키소바 

재료(2인분)

야키소바용 면 … 2봉지

빨간 피망 … 2개

파 … 1개

멸치 … 2큰술

다진 생강 … 1/2쪽분

A 소금 레몬액 … 1/2큰술

넘플라 … 1/2큰술

참기름 … 2큰술

만드는 법

1. 빨간 피망은 잘게 썰고 파는 빨간 피망의 길이에 맞춰 썬다.

2. 내열 접시에 멸치와 참기름 1큰술을 넣고 랩을 씌우지 않은 채로 전자레인지에
서 1분 30초~2분 정도 가열하여 바삭바삭하게 만든다.

3. 프라이팬에 나머지 참기름을 둘러 가열시킨 후 생강, 빨간 피망, 파를 순서대로
볶는다. 면을 넣어 풀면서 볶고 A로 간을 한다. 2를 넣고 섞는다.

스파게티를 삶을 물에도 소금 레몬을 넣어 보세요.
진한 맛의 카르보나라도 느끼하지 않고, 질리지 않게 먹을 수 있습니다.

소금 레몬 카르보나라

재료(2인분)

스파게티 … 200g

버터 … 20g

생크림 … 3/4컵

소금 레몬(둥근썰기 혹은 빗모양썰기) … 2조각

소금 레몬액 … 1작은술

달걀노른자 … 1개분

치즈가루 … 3~4큰술

굵게 간 후추 … 약간

만드는 법

1. 스파게티는 소금 레몬(둥근썰기 혹은 빗모양썰기) 2조각(분량 외)을 넣은 물로 스파
게티 봉투의 표시 시간보다 조금 짧은 시간 동안 삶는다.

2. 프라이팬에 버터와 생크림을 넣어 강한 중불에 올리고 굵게 다진 소금 레몬, 소금
레몬액을 넣어 가볍게 걸쭉해질 때까지 끓인 다음, 불에서 내린다.

3. 다 삶은 1을 넣어 버무리고 달걀노른자, 치즈가루를 넣어 섞는다. 맛을 보고 소금
레몬액을 약간(분량 외) 더해 간을 맞춘다. 접시에 담고 치즈가루 약간(분량 외), 후
추를 뿌린다.

소금 레몬을 섞어 넣는 것만으로 밥의 향이 좋아집니다.
달걀지단이나 잘게 부순 김을 토핑하면 맛도 있고 보기에도 좋아요.

소금 레몬 닭가슴살 밥

만드는 법

1. 내열 접시에 닭가슴살을 올리고 A를 묻힌 후 랩을 씌워 전자레인지로 4~5분 정도 가열한다. 그대로 식혀 잘게 찢는다. 오이는 얇게 썰고 B를 버무려 잠시 두었다가 가볍게 비비고 물기를 짠다. 푸른 차조기는 채 썬다.

2. 밥에 C를 섞고 1과 깨도 넣어 섞는다.

재료(2인분)

밥 … 2공기

닭가슴살 … 2개

오이 … 1개

푸른 차조기 … 5장

볶은 깨 … 1/2큰술

A	청주, 물 … 각 2큰술
	생강(얇게 썬 것) … 1쪽분
	소금 레몬(둥근 썰기) … 2조각
B	소금 레몬액 … 1작은술
	참기름 … 1작은술
C	소금 레몬액 … 1/2작은술
	다진 소금 레몬 … 1조각분

특별할 것 없는 볶음밥도 멈출 수 없는 맛으로 변해요.
완성된 밥 위에 양상추를 찢어 올리면 더욱 맛있답니다.

소금 레몬 버터 필라프

재료(2인분)

밥 … 2공기
양파 … 1/4개
당근 … 1/2개
햄 … 2장
소금 레몬 버터(119쪽 참조) … 25g
굵게 간 후추 … 약간

만드는 법

1. 양파, 당근, 햄은 잘게 다진다.
2. 프라이팬에 소금 레몬 버터를 가열시키고 1을 볶는다.
   부드러워지면 밥을 넣어 볶고 접시에 담아 후추를 뿌린다.

소금 레몬으로
간식 만들기

새콤달콤하면서 살짝 짠맛이 도는 어른스러운 맛의 간식은

애주가들에게 추천하고 싶습니다.

식후의 디저트로도 좋고, 아침밥 대신으로도 좋아요.

시판용 아이스크림에 섞어 넣기만 하면 끝.
달고 조금은 짭조름하면서 산뜻한 맛의 아이스크림은 놀라울 정도로 맛있어요.

소금 레몬 아이스크림

재료(2인분)

바닐라아이스크림(시판용) … 1컵

다진 소금 레몬 … 1조각분

만드는 법

1. 아이스크림은 실온에 두어 부드럽게 하고 다진 소금 레몬을 넣어 섞는다.
2. 다시 냉동실에 넣어 차갑게 굳힌다.

살짝 짭조름한 팬케이크는 그냥 먹어도 맛있고 시럽을 뿌려 먹어도 맛있어요.
많이 달지 않아 아침식사 대용으로 좋아요.

소금 레몬 팬케이크

재료(약 6장분)

박력분 … 180g
베이킹파우더 … 1큰술
달걀 … 1개
설탕 … 3큰술
우유 … 1과 1/2컵
소금 레몬액 … 1큰술
식용유 … 2큰술

만드는 법

1. 박력분, 베이킹파우더는 합쳐서 체로 친다.
2. 볼에 달걀과 설탕을 넣어 거품기로 잘 섞은 후 우유, 소금 레몬액, 1을 넣어 섞는다. 식용유를 넣고 다시 섞는다.
3. 프라이팬에 식용유를 약간(분량 외) 둘러 가열시키고 2를 달걀 1개 분량 정도 흘려 넣어 약한 중불에서 양면을 노릇노릇하게 굽는다. 나머지도 같은 방법으로 굽고 취향에 따라 휘핑 크림, 메이플 시럽, 민트 등을 곁들인다.

고소한 향과 소박한 맛의 통밀 크래커.
짭짤한 맛으로 배가 살짝 고플 때 먹으면 좋아요.

소금 레몬 크래커

재료(6×7cm 15개분)

박력분 … 200g

통밀가루 … 60g

베이킹파우더 … 1작은술

설탕 … 50g

A 꿀, 생참기름 … 각 70g
   소금 레몬액 … 2작은술

만드는 법

1. 볼에 박력분, 베이킹파우더, 설탕을 합쳐 체에 쳐서 넣고, 통밀가루를 넣어 섞
는다.

2. A를 넣고 가루기가 없어질 때까지 고무주걱으로 반죽한다. 수분이 부족하면 상
태를 보며 물을 1~2큰술 정도 넣어 반죽하고 하나로 뭉친다.

3. 오븐 시트를 펼치고 2를 꺼내 밀대로 3mm 두께, 30×21cm 정도의 크기로 넓
힌다. 식칼로 긴 쪽의 변에 5등분, 짧은 쪽 변에 3등분의 칼집을 넣고 포크로
구석구석 구멍을 뚫는다.

4. 3을 판에 올리고 180℃로 예열한 오븐에서 20분, 140℃로 낮춰 20분 굽는다.
꺼내서 식히고 칼집을 넣은 부분에서 나눈다.

달기만 하지 않은 치즈케이크는 애주가분들에게도 추천합니다.
완성된 케이크에 뿌린 소금 레몬이 포인트.

소금 레몬 치즈케이크

재료(15cm 원형틀 1개분)

크림치즈 … 1상자(200g)

설탕 … 80g

A
  플레인 요거트(무당) … 200g
  생크림, 우유 … 각 1/2컵
  소금 레몬액 … 2작은술

그래험 크래커 … 100g

무염버터 … 40g

가루젤라틴 … 10g

다진 소금 레몬 … 적당량

만드는 법

1. 내열 용기에 버터를 넣고 전자레인지로 1분~1분 30초 가열해서 녹인다. 볼에 넣고 잘게 부순 크래커를 숟가락으로 더 잘게 부수면서 섞은 다음 틀의 바닥에 꾹꾹 눌러 깔고 냉장고에서 식힌다.

2. 크림치즈는 실온에 두어 부드럽게 만든다. 내열 용기에 물 4큰술을 넣고 가루젤라틴을 뿌려 넣어 불린다.

3. 볼에 크림치즈와 설탕을 넣고 거품기로 잘 저어가며 섞는다. A를 순서대로 넣고 넣을 때마다 잘 섞는다.

4. 불린 젤라틴을 전자레인지로 30초 정도 가열해서 완전히 녹인 후 3에 넣어 섞는다. 1의 틀에 흘려 넣어 냉장고에서 3시간 이상 식혀 굳힌다. 틀에서 빼내 잘게 다진 소금 레몬을 뿌린다.

구운 고기에 올리고, 자른 야채에 뿌리면 끝.
심플한 재료도 간단한 방법으로 맛있어지고 건강 효과도 톡톡히 볼 수 있어요.
많이 만들어 두면 여기저기에 사용하기 편리한 레시피를 소개합니다.

버터를 부드럽게 한 후 넣어 섞기만 하면 끝.
볶음 요리나 토핑 등 쓰임새가 많답니다.

소금 레몬 버터

재료(만들기 쉬운 분량)

무염버터 … 200g

A
다진 소금 레몬 … 1~2조각분
다진 파슬리 … 1큰술

만드는 법

1. 버터는 실온에 두어 부드럽게 하고 A를 넣어 섞는다.
2. 랩을 펼치고 1을 꺼내 봉 모양과 같이 사용하기 쉬운 모양으로 만들어 감싼 후 냉장고에서 식힌다.

○ 이런 요리에 사용하세요

그 상태로 빵이나 크래커, 스파게티에 곁들이거나 연어 소금 레몬 버터 소테(33쪽), 바지락과 양배추, 베이컨 찜(39쪽), 소금 레몬 스테이크 프리토(81쪽), 소금 레몬 버터 필라프(109쪽) 등에 사용하세요.

산뜻한 향이 퍼지는 수제 치즈.
시간이 지날수록 소금이 배어들기 때문에, 소금 레몬의 양은 취향에 맞게 사용해 주세요.

소금 레몬 코티지 치즈

재료(만들기 쉬운 분량)

우유 … 2와 1/2컵

A
식초 … 2큰술
소금 레몬액 … 1큰술
다진 소금 레몬 … 1/2~1조각분

만드는 법

1. 냄비에 우유를 넣고 불에 올린 후 60℃ 정도로 데운다. 불에
서 내리고 A를 넣어 가볍게 섞는다.

2. 분리되면 체에 면보를 깔아 거른다. 다진 소금 레몬을 넣어
섞는다.

○ **이런 요리에 사용하세요**
크래커에 발라 술안주로 하거나 샐러드에 토핑을 해도 좋아요. 고구마 소금 레몬 그릴(55쪽) 등 구운 야채의 딥으로도 사용해
보세요.

치즈의 풍미가 퍼지는 드레싱은 어패류나 야채에 사용합니다.
오일을 잘 섞어 주세요.

레몬 카르파초 드레싱

재료(만들기 쉬운 분량)

올리브 오일 ⋯ 2큰술

다진 소금 레몬 ⋯ 1/2~1조각분

소금 레몬액 ⋯ 1/2큰술

식초 ⋯ 1큰술

치즈가루 ⋯ 2작은술

설탕 ⋯ 1작은술

굵게 간 후추 ⋯ 약간

만드는 법

모든 재료를 잘 섞는다.

○ **이런 요리에 사용하세요**
어패류의 카르파초나 야채 샐러드에 사용하세요. 차가운 날두부에 얹어 먹는 것도 추천합니다.

레몬의 향이 더해지면서 새로운 맛이 탄생합니다.

허브를 잘게 썰어 넣어도 맛있어요.

소금 레몬 타르타르 소스

재료(만들기 쉬운 분량)

삶은 달걀 … 2개

홀그레인 머스터드 … 1작은술

마요네즈 … 1큰술

다진 소금 레몬 … 1/2~1조각분

소금 레몬액 … 1/2작은술

만드는 법

1. 삶은 달걀은 잘게 다진다.

2. 1과 그 외의 재료를 잘 섞는다.

○ **이런 요리에 사용하세요**

어패류 소테나 튀김 소스로 사용하세요. 소스 그대로 샌드위치의 속재료로 사용해도 좋아요.

멘츠유를 사용하기 때문에 마음만 먹으면 바로 만들 수 있어요.
심플한 맛으로 응용 범위가 넓은 만능 드레싱입니다.

소금 레몬 일본식 드레싱

재료(만들기 쉬운 분량)

식용유 … 2큰술

소금 레몬액 … 1큰술

멘츠유• … 1큰술

식초 … 1/2큰술

만드는 법

모든 재료를 잘 섞는다.

• 멘츠유 : 설탕을 베이스로 육수와 간장, 미림으로 만든 일본 간장의 일종

○ **이런 요리에 사용하세요**
샐러드, 두부나 무침 등에 잘 어울려요. 이 책에서는 해초 샐러드와 마 소금 레몬 드레싱(89쪽), 참치 마요네즈 샐러드 우동(103쪽)에 사용했어요.

토마토의 과즙과 어울리는 재료가 가득한 소스예요.
바질과 레몬의 향이 산뜻합니다.

이탈리안 레몬 소스

재료(만들기 쉬운 분량)

토마토 … 1/2개

바질 … 1장

다진 소금 레몬 … 1/2조각분

올리브 오일 … 3큰술

소금 레몬액 … 1/2큰술

식초 … 1/2큰술

만드는 법

1. 토마토는 반으로 잘라 씨를 제거하고 1cm 각으로
썬다. 바질은 굵게 다진다.

2. 1과 그 외의 재료를 잘 섞는다.

○ 이런 요리에 사용하세요

어패류의 샐러드나 레몬 치즈 커틀릿(25쪽) 등 튀김의 소스로도 잘 어울립니다. 그대로 빵에 얹어 먹어도 맛있어요.

농후한 크림소스도 레몬의 향으로 산뜻해져요.
야채에 곁들이기만 해도 화려한 한 접시가 완성된답니다.

레몬 바냐 카우다 소스

재료(만들기 쉬운 분량)

마늘 … 2쪽

앤초비 … 4개

생크림 … 1컵

A
굵게 다진 소금 레몬 … 1/2~1조각분
소금 레몬액 … 1/2큰술
후추 … 약간

올리브 오일 … 2큰술

만드는 법

1. 마늘, 앤초비는 잘게 다진다.
2. 작은 냄비에 올리브 오일과 1을 넣어 약불로 가열하고, 향이 올라오면 생크림을 넣는다. 걸쭉해지면 A를 넣고 섞는다.

○ **이런 요리에 사용하세요**
야채 스틱에 찍어 먹는 것은 물론, 잎채소나 샐러드, 삶은 감자 등과도 잘 어울려요.

참기름과 볶은 참깨. 깨가 두 종류로 들어가 두 배로 향기로워요.
볶은 깨 대신 깨를 갈아서 사용해도 돼요.

소금 레몬 중화 드레싱

재료(만들기 쉬운 분량)

식초, 설탕 … 각 2큰술

소금 레몬액 … 1큰술

간장, 참기름, 볶은 깨 … 각 1큰술

만드는 법

모든 재료를 잘 섞는다.

○ **이런 요리에 사용하세요**
  야채와 어패류의 샐러드나 카르파초. 두부나 구운 생선 등에도 잘 어울려요.

레몬 토막 지식

● 눈부신 노란색, 산뜻한 산미를 가진 레몬은 우리들의 생활과 가까운 과일 중 하나입니다. 전 세계적으로 사랑받는 레몬의 이모저모를 소개하겠습니다.

요리뿐만이 아니다!

다양하게 사용할 수 있는 레몬의 숨겨진 기능

레몬은 먹는 것 외에도 다양한 사용법이 있습니다. 껍질로 싱크대를 닦으면 구연산의 활동으로 물때가 지워져 반짝반짝해집니다. 목욕물에 띄워 놓으면 상쾌한 향으로 리프레시 효과가 배가됩니다. 또한 딸꾹질이 날 때 레몬을 베어 먹으면 바로 효과가 나타난다고 합니다. 꼭 시험해 보세요!

일본의 10월 5일은 레몬의 날

일본의 매년 10월 5일은 레몬의 날입니다. 1938년의 이 날은 시인 타카무라 코타로의 부인 타카무라 치에코의 기일로, 레몬을 무척 좋아했던 타카무라 치에코의 임종을 노래한 『치에코쇼智惠子抄』의 한 편, 「레몬애가レモン哀歌」에 연관 지어 제정한 것이라고 합니다. 일본문학 속의 레몬 중 또 유명한 것이 타이틀이기도 한 카지이 모토지로의 『레몬檸檬』입니다. 레몬의 모양이나 색채의 아름다움이 그의 마음을 사로잡아 완성했다고 하는 이 작품은 지금도 대표작으로서 계속해서 사랑받고 있습니다.

세계의 레몬 식문화

레몬은 세계적으로도 인기 있는 식재료입니다. 모로코에서는 소금에 절인 레몬이 요리의 포인트로서 빠질 수 없는 존재이며, 닭고기와 소금 레몬을 타진냄비에서 찐 요리는 일본에서도 인기를 얻고 있습니다. 프랑스에서도 소금 레몬은 '시트론콩피'라 불리며 다양한 요리에 사용되고 있습니다. 또 이탈리아에서도 레몬은 무척 가까운 존재입니다. 레몬 셔벗인 '리모네 그라니타'는 이탈리아에서 여름 하면 떠오르는 인기 메뉴입니다. 레몬 껍질을 증류주에 담근 '리몬첼로'는 일본의 매실주와 같은 느낌으로 각 가정에서 만들어 먹는 인기 술입니다.

레몬은 어디에서 생겨난 걸까?

레몬의 원산지에 대해 여러 설이 있는데, 인도라는 설과 기원전 2500년경 중국 남부 혹은 인더스 문명이 발상한 땅이 원산지라는 설이 유력합니다. 그 후 중근동의 국가들을 경유하여 지중해 지방, 유럽의 여러 국가로 건너갔습니다. 옛날에는 관상용으로 재배된 식물이었던 것 같습니다만, 그 효능이 알려지면서 구취를 예방하거나 식중독의 해독제로서 사용되기도 했다고 합니다. 재배가 번성함에 따라 향이나 산미를 살린 요리도 만들어지게 되었습니다.

미국에는 콜럼버스에 의해 레몬이 들어왔습니다. 대항해시대의 항해 중 비타민 C 부족에 의해 일어나는 괴혈병을 예방하고 치료제의 역할을 하는 레몬은 귀중하게 여겨졌고, 보다 주목을 모으게 되었습니다. 선원의 건강을 지키기 위해 배에 레몬을 싣는 것이 의무화된 적도 있는 것 같습니다. 그 후 레몬 재배에 적당한 기후를 가지고 있는 캘리포니아 등에서 왕성하게 재배되기 시작했습니다.